保障性住房弹性地板实用指南

中国建筑装饰装修材料协会
中国建筑装饰装修材料协会弹性地板专业委员会 编著

U0283784

中国建材工业出版社

图书在版编目（CIP）数据

保障性住房弹性地板实用指南 / 中国建筑装饰装修
材料协会，中国建筑装饰装修材料协会弹性地板专业委员
会编著 . —北京：中国建材工业出版社，2014.4
  ISBN 978-7-5160-0761-7

Ⅰ . ①保⋯ Ⅱ . ①中⋯ ②中⋯ Ⅲ . ①民用建筑—弹
性材料—地板—指南 Ⅳ . ① TU56-62

中国版本图书馆 CIP 数据核字（2014）第 039548 号

保障性住房弹性地板实用指南
中 国 建 筑 装 饰 装 修 材 料 协 会
中国建筑装饰装修材料协会弹性地板专业委员会   编著

出版发行：中国建材工业出版社
地　　址：北京市西城区车公庄大街 6 号
邮　　编：100044
经　　销：全国各地新华书店
印　　刷：北京旺都印务有限公司
开　　本：710mm×1000mm 1/16
印　　张：6
字　　数：94 千字
版　　次：2014 年 4 月第 1 版
印　　次：2014 年 4 月第 1 次
定　　价：**60.00 元**

本社网址：**www. jccbs. com. cn**　　公众微信号：**zgjcgycbs**
本书如出现印装质量问题，由我社发行部负责调换。联系电话：（010）88386906

编委会

前　言

为推动我国保障性住房建设，完善保障性住房的建设标准体系，提高保障性住房的建设水平和居民的居住生活质量，中国建筑装饰装修材料协会、中国建筑装饰装修材料协会弹性地板专业委员会与会员企业共同完成了《保障性住房弹性地板应用指南》的编辑工作。

弹性地板是指地板在外力作用下发生变形，当外力解除后，能完全恢复到变形前形状的地板。该地板使用寿命长达 30 ~ 50 年，具有卓越的耐磨性、耐污性和防滑性，富有弹性，足感十分舒适。弹性地板因其优越的特性而备受用户青睐，它们被广泛应用于医院、学校、写字楼、商场、交通、工业、家居、体育馆等场所。在 20 世纪 80 年代初，我国开始引入此类产品，以物美价廉、铺设方便、花形多样等特点广受大众的青睐。弹性地板的制作材料主要以聚氯乙烯为主，分别以涂覆工艺、压延工艺和流延工艺生产。当时受制于制造技术的限制，只能生产一些民用的低端产品，随着市场对产品质量不断提高，通过提升产品的质量和技术含量，诞生了专用于高端的商业用途地板产品。

三十余年以来，弹性地板行业得以长足的发展，从产品的种类、功能、性能、款式、用途等方面进行了全方位的延伸。近年，国家相关单位及用户对弹性地板的节能、环保、安全提出了更高要求。"十二五"期间，关乎于百姓生活福祉的保障性住房建设在全国轰轰烈烈地展开，保障房对弹性地板的保温、隔潮、防火等性能的要求进一步加强。由于各地气候与地质环境，以及适用等级等诸多原因，对弹性地板的性能要求不一致，施工标准也不统一。为了确保保障性住房建设项目中选用符合国家和地方相关要求的地板产品，受建设主管单位的委托，中国建筑装饰装修材料协会、中国建筑装饰装修材料协会弹性地板专业委员会会同相关科研、检测和会员企事业单位共同编写了《障性住房弹性地板应用指南》一书。希望本书的出版，能够为各地保障性住房建设主管单位和建设开发单位选用地板材料起到一定的规范和指导作用。

《障性住房弹性地板应用指南》的编写成员广泛调查研究，认真总结实践经验，参考国内外相关标准和政策，经过反复讨论、修改并在充分征求国家相关主管单位及协会各会员企业意见的基础上完成了编写工作。

本书共分为四章，分别介绍了弹性地板的发展历程、行业标准与行业现状，以及我国保障性住房对弹性地板的质量、品类要求和实际应用的技术性要求。其中，保障性住房对弹性地板的技术性要求一节中分别介绍了各种产品的特点、性能，适用区域，还着重介绍了施工与维护的技术要求，推荐了优质家用弹性地板。在本书的最后一章，以图片的形式展示了弹性地板的在家居、商务、交通、教育、卫生等各领域的实际应用。本书可供保障性住房设计人员、弹性地板企业阅读参考。

本书参考了大量的文献、标准规范、企业资料，特向相关单位及个人致谢。由于国家和行业标准不断更新，本书难免存在不当之处，敬请读者给予批评和指正。

目　录

第一章　保障性住房弹性地板的概述和现行标准

第一节　弹性地板概述

弹性地板是指地板在外力作用下发生变形，当外力解除后，能完全恢复到变形前形状的地板，这种地板称之为弹性地板。

在20世纪80年代初我国开始引入此类产品，当时主要以聚氯乙烯为主，分别以涂覆工艺与压延工艺、流延工艺生产。当时因为受制于科技工艺，主要生产一些民用低端产品，俗称地板革，以物美价廉、使用方便、美观著称。随着人们生活水平的提高，此类产品已不能满足需要，逐步退出市场，从而产生了一些专用于高端的商业用途地板。该地板使用寿命长达30～50年，具有卓越的耐磨性、耐污性和防滑性，富有弹性的脚感，使用十分舒适。

1. 弹性地板种类

弹性地板包括：塑胶地板、橡胶地板、亚麻地板、软木地板。

（1）塑胶地板：塑胶地板其主要的材料是PVC或者俗称塑胶，是石油的下游产品。塑胶的成分约占50%。弹性地板用量最大的就是塑胶地板，它的优点是价廉物美，保养简单，耐用美观。

（2）橡胶地板：顾名思义橡胶地板就是以橡胶为主要材料，橡胶地板中的橡胶成分约为45%。橡胶的抗热性是所有弹性地板里最强大的，看看路上密密麻麻汽车所用的轮胎，就知橡胶抗热性能一二。橡胶地板的强项就是抗烟蒂及耐磨性。弹性地板里它也是可以根据要求生产出10mm厚的满足真冰场地的地面装饰材料的要求。

（3）亚麻地板：亚麻地板是由6种材料制成，亚麻油、松香、木粉、石灰、颜料及黄麻。产品特点是天然抗菌，颜色有其特别性格。经过设计师精心设计可以铺装出有个性的图案。因为销售量及技术原因，目前国内还没有厂家生产亚麻地板。

（4）软木地板：软木地板被称为是"地板的金字塔尖消费"。软木是生长在地中海沿岸和我国秦岭地区的橡树，而软木制品的原料就是橡树的树皮，与实木地板比较更具环保性、隔声性，防潮效果也会更好些，带给人极佳的脚感。软木地板柔软、安静、舒适、耐磨，具有吸声效果和保温性能。

2. 弹性地板的分级及适用环境

按 1995 年 12 月欧共体颁布的 EN685《弹性地板产品的分级标准》，对不同区域使用的地板，严格区分为家用等级标准：21～23；商用等级标准：31～34；工业等级标准：41～43。家用等级的弹性地板不能用于商用环境，低级别地板不适用于高级别的环境，而高级别的地板可应用于不超过自身等级规定的所有级别环境（弹性地板的分级符号、等级以适用区域见表 1-1）。

表 1-1　分级符号、等别及适用环境

用途	符号	分级	使用级别	使用区域举例
家用		21	轻度	卧室
		22	中度	起居室、客厅、入口处
		23	重度	起居室、客厅、入口处
商用		31	轻度	会议室、小办公室
		32	中度	办公室
		33	重度	走廊、多功能厅、对外活动部分
		34	极重	多功能厅、签证大厅
工业		41	轻度	
		42	中度	
		43	重度	

3. 原材料特点及适用范围

我国弹性地板的研发生产起步较晚，相关标准也并不健全。目前弹性地板的质量要求及检验标准多直接采用国外标准。由于各个厂家及用户所采用的标准不尽相同，整个弹性地板行业尚无统一的执行标准。

（1）聚氯乙烯卷材地板

目前，与聚氯乙烯地板相关的国内标准有《聚氯乙烯卷材地板》（GB/T11982）以及《橡塑铺地材料》（HG/T3747.3）。1989 年发布的《聚氯乙烯卷材地板》GB/T11982 中仅对耐磨层厚度、残余凹陷度、磨耗量等简单的物理性能及外观进行了规定，而 2005 版《聚氯乙烯卷材地板》(GB/T11982) 中增加了有害物质限量等的规定，而对于强度、阻燃、烟密度等安全及环保等方面的指标则没有规定。

聚氯乙烯地板行业标准《橡塑铺地材料》(HG/T3747) 第三部分《阻燃聚氯乙烯

地板》是由安徽省来安县亨通橡塑制品有限公司参与编写的，目前有效版本为2006开始实施的，较GB/T11982增加了硬度、拉伸强度、断裂伸长率、阻燃、耐寒性、耐烟头灼烧等性能指标，适合家居使用。

聚氯乙烯卷材地板效果图

国内近年来对材料防火性能等级的重视程度逐步提高（据防火安全部门提供的数字：在火灾中95%受到伤害的人是由于燃烧时产生的有毒害的烟雾及气体所致），阻燃聚氯乙烯地板中聚氯乙烯为主体材料含有卤元素，虽然防火性能极好，但一旦发生火灾由于HCl等有害气体产生，将对人体造成重要伤害，故原标准仅仅有氧指数要求是不够的，应该限制阻燃聚氯乙烯地板燃烧时的烟密度及毒性，使其更科学。2013年底对聚氯乙烯地板行业标准《橡塑铺地材料》（HG/T3747）第三部分《阻燃聚氯乙烯地板》进行了重新修订，增加了烟密度、防滑、吸声等技术指标。同时，为使聚氯乙烯地板更适宜于使用，标准还增加了对阻燃聚氯乙烯地板铺装要求的说明。目前该标准已报送相关部门进行审批。

（2）半硬质化聚氯乙烯块状地板

半硬质化聚氯乙烯块状地板是以聚氯乙烯及其共聚树脂为主要原料，加入阻燃剂、增塑剂、稳定剂、着色剂等辅料，经压延、挤出或热压工艺所生产的单层和同质复合的半硬质聚氯乙烯块状塑料地板，此塑料地板用于建筑物内体育、休闲地坪铺面。

半硬质化聚氯乙烯块状地板效果图

半硬质化聚氯乙烯块状地板最初采用标准为《半硬质化聚氯乙烯块状塑料地板》（GB/T 4085-1983），该标准对半硬质化聚氯乙烯块状地板的规格、外观进行了规定，并包含热膨胀系数、凹陷度等物理性能指标。《半硬质聚氯乙烯块状塑料地板》（GB/T 4085-1983）现已被《半硬质聚氯乙烯块状地板》（GB/T 4085-2005）所替代，现行标准取消了热膨胀系数、加热质量损失率和23℃、45℃凹陷度的项目，增加了单位面积的质量、密度、加热翘曲、色牢度、有害物质限量的项目。

（3）同质透心弹性地板

同质透心弹性地板是指整个厚度由一层或多层相同成分、颜色和图案组成的弹性地板。同质透心地板为单层均质透心结构，从面到底都是耐磨层，抗磨性好，持久常新，适合使用在人流密集的地方使用。

同质透心弹性地板根据其使用材质的不同，可以分为同质透心橡胶地板、同质透心聚氯乙烯地板等种类。同质透心橡胶地板所采用的标准为安徽省来安县亨通橡塑制品有限公司参与主编的《橡塑铺地材料》（HG/T 3747）第一部分《橡胶地板》。该标准最初版本为《橡塑铺地材料　第一部分　橡胶地板》（HG/T 3747.1—2004），其中规定了橡胶地板的尺寸偏差、表面质量以及硬度、拉伸强度、耐磨性、阻燃性能、脆性温度等物理性能技术指标。《橡塑铺地材料　第一部分　橡胶地板》（HG/T 3747.1）现行版本为 2011 年发布，2012 年开始实施 HG/T 3747.1—2011，新版标准主要技术变化为：将橡胶地板的性能要求按两大部分划分：基本要求和特殊要求；增加了特殊性能的检测项目及试验方法；增加了对橡胶地板的铺装要求。同质透心聚氯乙烯地板的标准与聚氯乙烯地板所采用的标准相同。

同质透心弹性地板效果图

第二节　我国 PVC 卷材地板现行标准

PVC 卷材地板的国家标准《聚氯乙烯卷材地板》（GB/T 11982-2005）分为两个部分：其中第一部分带基材的聚氯乙烯卷材地板，第二部分有基材有背涂层聚氯乙烯卷材地板，本书这里主要说的是 GB/T 11982 的第 1 部分。这部分与（EN 651：1996)《弹性地板带发泡层的聚氯乙烯地板技术要求》(EN 651：1996) 的一致性程度为非等效，主要差异如下：

EN651：1996 包括卷材地板和块状地板，标准第一部分 GB/T 11982 只适用于卷材地板；

◆ 标准第一部分（GB/T 11982）与 EN 651：1996 对产品的分级不同；

◆ 标准第一部分（GB/T 11982）对卷材地板有外观质量的要求，EN 651：1996 则没有；

◆ 采用的耐磨性试验方法不同；

◆ 增加了有害物质限量的项目。

标准第一部分（GB/T 11982）代替 GB/T 11982.1—1989《聚氯乙烯卷材地板第 1 部分带基材的聚氯乙烯卷材地板》。

标准第一部分（GB/T 11982）与 GB/T 11982.1—1989 相比主要变化如下：

◆ 根据产品的使用场所，按耐磨性分为家用通用型、家用耐用型、商用通用型、商用耐用型；

◆ 取消了优等品、一等品、合格品的分级；

◆ 根据产品是否有发泡层，采用不同的测厚仪测量厚度；

◆ 修改了加热翘曲的试验方法；

◆ 修改了剥离强度的试验方法；

◆ 修改了耐磨性的试验方法；

◆ 增加了有害物质限量的要求。

1. 范围

GB/T 11982 第一部分规定了带基材的聚氯乙烯卷材地板（以下简称卷材地板）的术语和定义、分类和标记、要求、试验方法、检验规则、标志、包装、运输和贮存。适用于以聚氯乙烯树脂为主要原料，并加入适当助剂，在片状连续基材上，经涂敷工艺生产的卷材地板。

2. 规范性引用文件

GB 250-1995《评定变色用灰色样卡》（idtISO 105/A02：1993，Textiles-

Testsforcolourfastness-Part A02：Grey scale for assessing change in colour）；

GB 730-1998《纺织品色牢度试验耐光和耐气候色牢度蓝色羊毛标准》（eqvISO105-B：1994）；

GB/T 8427-1998《纺织品色牢度试验耐人造光色牢度：氙弧》（eqvISO 105-1302：1994）；

GB/T 18102-2000 浸渍纸层压木制地板；

GB 18586《室内装饰装修材料聚氯乙烯卷材地板中有害物质限量》。

3. 术语和定义

带基材的卷材地板（floors heetsw ithb acking）带有基材、中间层和表面耐磨层的多层片状地面或楼面铺设材料。

室内效果图

4. 分类和标记

（1）分类

①按中间层的结构分类

a. 带基材的发泡聚氯乙烯卷材地板，代号为FB；

b. 带基材的致密聚氯乙烯卷材地板，代号为 CB。

② 按耐磨性分级

a. 通用型，代号为 G；

b. 耐用型，代号为 Ha。

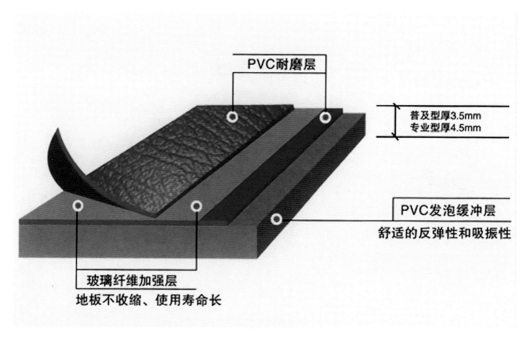

地板剖析图

（2）标记

卷材地板标记顺序为：产品名称、结构分类、耐磨性级别、总厚度、宽度和长度、标准号。

示例：总厚度 1.5mm，宽度 2000mm，长度 15m 的通用型发泡卷材地板表示为：聚氯乙烯卷材地板 FB-G1.5×000×15-GB/T 11982.1—20050。

5. 要求

（1）外观

外观应符合下面的规定：

不允许表面有裂纹、断裂、分层，允许轻微的折皱、气泡，漏印、缺膜，套印偏差、色差、污染不明显，允许轻微图案变形。

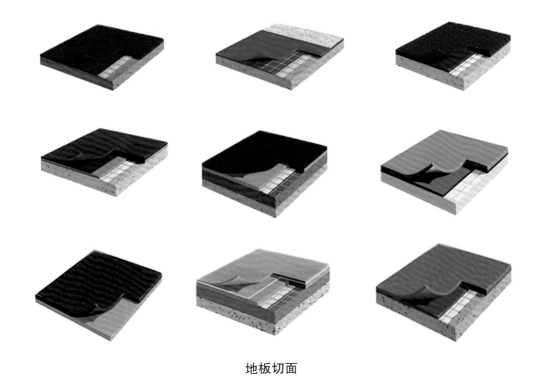

地板切面

（2）尺寸允许偏差

尺寸允许偏差应下面的规定：

长度、宽度不小于公称长度，厚度单个值正负 0.20mm，平均值正 0.18，负 0.15mm。

（3）物理性能

物理性能应符合下面的规定：

单位面积质量公称值正 13% 负 10%，纵横向加热尺寸变化小于等于 0.40%，加热翘曲小于等于 8mm，色牢度大于等于 3 级，纵横向抗剥离力平均值大于等于 50N/50mm，单个值大于等于 40N/50mm，残余凹陷通用型小于等于 0.35mm，耐用型小于等于 0.20mm，耐磨性通用型大于等于 1500 转，耐用型大于等于 5000 转。

（4）有害物质限

有害物质限量应符合 GB18586 规定。

6.试验方法

（1）状态调节及试验条件

样品试验前必须在温度 23℃ ±2℃，相对湿度 50% ±10% 的标准条件下至少放置 24h 并在此条件下进行试验。

（2）外观

在散射日光或日光灯下，光照度为 100lx ± 20lx，将被测的卷材地板平铺，距离试样 100cm，斜向目测检查外观。

（3）长度

将被测的整卷卷材地板耐磨层向上，在没有拉应力的情况下平铺在坚硬的平面上，用分度值为 1cm 的钢卷尺测量距两边约 200mm 处平行于纵向的两处长度，取两个长度测量值的算术平均值表示卷材地板的长度，精确至 0.05mm。

（4）宽度

按测长度的方法，用分度值为 1mm 的钢卷尺测量中间和两端垂直于纵向的宽度，取最小的宽度表示卷材地板的宽度，精确至 5mm。

（5）总厚度

① 仪器

测厚仪应符合下面要求，分度值为 0.01mm。

平测头直径 6.00 ± 0.30mm，提供平测头施压的总质量带基材的发泡聚氯乙烯卷材地板 85 ± 3g，带基材的致密聚氯乙烯卷材地板 28 ± 1g。

② 试验步骤

从卷材地板的两端或从两卷卷材地板的开始部分各取一个长度至少 100mm，宽度为整个卷材地板宽度的试件。用百分表测厚仪测量每个试件的厚度，测量点距试件边缘应至少 10mm，每个试件应至少测 10 点。如有凹凸花纹时，测其凸出部位的厚度。分别记录并计算每个厚度测量值及所有测量值的算术平均值与公称厚度值的偏差，精确至 0.01mm。

（6）单位面积质量

从卷材地板上切取五个 10mm × 10mm 的试件，测量每块试件的尺寸，精确至 0.01mm，然后称取每个试件的质量，精确至 0.01g。计算五个试件的单位面积质量的算术平均值与公称单位面积质量值的偏差，以百分数表示，精确至 1%。

（7）加热尺寸变化率

① 取样

切取试件前，应将卷材地板尽可能铺平，并标好方向。

在卷材地板上等间距取三个边长约 250mm 的正方形试件，试件的任意一边应距卷材地板边缘至少 100mm。

② 试验步骤

沿试件的纵向和横向距试件边缘约 25mm 处，各画两条间距为 200mm 的平行线，并标记四个交点，用游标卡尺分别测量出纵向和横向两条直线交点间的距离，精确至 0.02mm。然后将试件耐磨层向上，平放在撒有滑石粉的磨光玻璃平板或不锈钢平板上，试件间应相距 50mm 以上，一起放入温度为 80℃ ±2℃ 的恒温鼓风烘箱内，平板与烘箱的垂直壁的间距应不小于 50mm，平板之间以及与烘箱间的垂直间距应不小于 100mm。保持 6h 后取出，在标准条件中放置 24h，再测量每个试件纵向和横向两条直线交点间的距离，精确至 0.02mm，测量时应用一块 180mm×180mm×13mm 的平钢板压在试件上面。

③ 结果计算

分别计算纵向和横向加热尺寸变化率的算术平均值，精确至 0.01%。

（8）加热翘曲

① 取样

同（7）①。

② 试验步骤

按（5）测量卷材地板的平均厚度，然后将每个试件耐磨层向上，平放在撒有滑石粉的磨光玻璃平板或不锈钢平板上，试件间相距 50mm 以上，一起放入温度为 80℃ ±2℃ 的鼓风烘箱内，平板与烘箱的垂直壁的间距应不小于 50mm，平板之间以及与烘箱间的垂直间距应不小于 100mm。保持 6h 后，将放有试件的平板取出，不要移动试件，在标准条件下放置 24h，用高度游标卡尺测量试件各边的上表面到平板之间的最大距离（通常在角上），减去卷材地板的平均厚度，用三个试件共 12 个数据的算术平均值表示加热翘曲，精确至 1mm。

（9）色牢度

按 GB/T 8427-2008 规定进行，取三个试件。将两个试件与 GB/T 730-2008 规定的 6 级蓝色羊毛标准一起放入试验箱接受氙灯曝晒，另一个试件遮光保存。试验箱内黑板温度为 45℃ ±5℃，相对湿度为 50% ±10% 曝晒至 6 级蓝色羊毛标准的变色达到规定的灰色样卡 3 级的色差时，终止试验。用 GB 250-1995 规定的灰色样卡评定试件变色等级，用两个试件中较差的等级表示色牢度。

（10）抗剥离力

① 取样

在卷材地板上等间距取六个至少长 150mm，宽为 50mm ± 1mm 的试件，纵向、横向各取三个，试件的任意一边应距卷材地板边缘至少 100mm。

② 试验步骤

将试件直立地浸入乙酸乙酯中，浸入深度不大于 40mm，45min 后取出试件，用手剥开浸入溶剂部分的基材。将试件在 60℃的鼓风烘箱中放置 2h，以使溶剂充分挥发。在标准条件下调节 24h 后试验，以 100 ± 5mm/min 的拉伸速度进行剥离，记录试件被剥离的最大负荷，分别计算纵向和横向试件的算术平均值，精确到 0.01N/50mm。

（11）残余凹陷

① 仪器

凹陷试验机，机上装有接触面平坦、直径为 11.3mm 的钢柱压头，其边缘为半径 0.15mm 的圆角，能施加 500N ± 0.5N 的负荷。

② 取样

从卷材地板上取三个尺寸为 60mm × 60mm 的试件。

③ 试验步骤

试件在标准条件下放置 1h 以后，用本节（5）①中规定的测厚仪测量试件厚度，并标记测量点。将试件耐磨层向上置于凹陷试验机的工作平台上，在标记的测量点上均匀地加载 500N ± 5N，2s 内开始计时，保持 150min，然后去掉所有负荷，150min 后测量标记的测量点的厚度，精确至 0.01mm。

④结果计算

残余凹陷的计算，用三个试件试验结果的算术平均值表示。

$$D = t_0 - t$$

式中，D 为残余凹陷，mm；

t_0 为加负荷前试件厚度，mm；

t 为除去负荷 150min 后厚度，mm。

（12）耐磨性

按 GB/T 18102-2000 中 6.3.11 的规定取两个试件进行试验，用两个试件中较低的转数表示耐磨性。

地板施工铺设

（13）有害物质限 R

按 GB 18586 规定进行。

7. 检验规则

（1）检验分类

检验分为出厂检验和型式检验两类。

① 出厂检验

出厂检验项目为外观、地板横切和物理性能中单位面积质量、加热尺寸变化率、残余凹陷、耐磨性。其中外观、地板横切为逐批进行检验。物理性能中单位面积质量、加热尺寸变化率、残余凹陷、耐磨性按检验批进行检验，相同配方、相同工艺、相同规格的四个连续批为一个检验批。

② 型式检验

型式检验项目为"5. 要求"中所列的全部检验项目。有下列情况之一，应进行型式检验。

a. 新产品或老产品转厂生产的试制定型鉴定；

GBJT 11982.1-2005

b. 正常生产时，每年进行一次；

c. 正式生产后，如材料、工艺有较大改变，可能影响产品性能时；

d. 产品停产半年以上，恢复生产时；

e. 出厂检验结果与上次型式检验有较大差异时；

f. 国家质量监督机构提出进行型式检验的要求时。

（2）组批与取样

① 组批

检验以批为单位，以相同配方、相同工艺、相同规格的卷材地板为一批，每批数量为5000m，数量不足5000m，也作为一批，生产量小于5000m的以五天产量为一批计。

② 取样

每批中随机抽取三卷进行检验。

（3）判定规则

① 外观与尺寸

卷材地板的外观和尺寸进行评定时，每卷都应符合外观、地板横切的规定。若有任一项不合格，则从该批中再取六卷地板，对不合格项目进行复验，若仍不合格，则判该批产品不合格。

② 物理性能

卷材地板物理性能的评定应在按7.（3）①评定合格的卷材地板中随机抽取一卷进行检验。若所有结果符合5.（3）规定，则判该批产品合格；若有任一项不合格，则从该批中重新取双倍试样对不合格项目进行复验，若仍不合格，则判该批产品不合格。

③ 有害物质限量

有害物质限量中有任一项不合格，则判该批产品不合格。

8. 标志、包装、运输和贮存

（1）标志

在每卷包装的明显处应含有下列内容：

① 标准号；

② 名称及商标；

③ 标记；

④ 生产日期或批号；

⑤ 质量；

⑥ 宽度、厚度和长度；

⑦ 生产单位的名称、地址。

（2）包装

卷材地板耐磨层向外卷在管芯上，应进行外包装。

地板包装

（3）运输

卷材地板在运输过程中，不得受到冲击、日晒、雨淋。

（4）贮存

卷材地板应分批直立贮存在温度为40℃以下的仓库内。距热源1m以外。室内空气应流通、干燥。

地板库房

第二章　保障性住房对弹性地板的技术性要求

第一节　各国保障性住房的特点

1. 政策特点

（1）一般特点

住房保障政策，本质上是国家（政府）对社会上的低收入群体住房供应、需求和生产系统的干预、调节的手段和措施。主要的住房保障政策有：土地供应政策、财政政策、金融政策等。土地供应政策是住房保障的先决条件之一，根据保障性住房的需求，在土地利用总体规划中明确保障性住房的供地规划，制定年度土地供应计划，从源头上保证政策性住房用地的有效供应。住房保障财政政策是住房保障顺利实施的重要保障之一。建立保障性住房首要的就是财政支持，既要建立公共财政对保障性住房支出的稳定的资金渠道，根据低收入人群住房状况，按财政收入的一定比例投入住房保障，又要建立稳定的税收优惠政策从供需双方来活跃中低收入群体住房市场。住房保障金融政策是指政府通过运用各种金融手段，刺激保障性住房的建造或消费，以解决中低收入家庭的住房问题，其又包括面向保障性住房建造而提供的金融政策，及促进保障性住房消费而提供的金融政策。

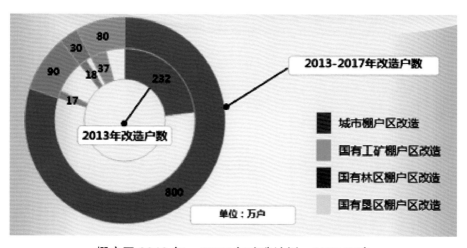

棚户区 2013 年 ~ 2017 年改造计划：1000 万户

1. 2013年计划基本建成160万套　新开工600万套

2008年至2012年，全国共开工建设城镇保障性住房和棚户区
改造住房超过3000万套，基本建成1700万套以上

2. 把加快配套设施建设摆在更加突出的位置

努力做到配套设施建设与保障房工程本身同步规划、同期建设、
同时交付使用。确保已竣工保障房能及时及早投入使用

3. 落实好保障房信息公开

公开的信息内容包括：
年度建设计划的任务量、项目清单和进度、已开工和已竣工项目基本信息
已申请登记保障对象名册和保障性住房批次分配对象信息
保障性住房待分配房源情况不和保障性住房批次分配房源信息
分配结果信息和退出情况信息等

4. 把外来务工人员纳入住房保障范围

住房城乡建设部要求，明年地级以上城市要把外来务工人员纳入住房保障范围

2013 年保障房建设看点

图片信息来源：北京青年报

（2）美国住房保障政策特点

在过去 80 年探索实践中，在不同的发展阶段美国曾出现三种典型形式的针对低收入家庭的住房保障政策：住房存量缺口较大时期的公房建设计划（public housing）、政府参与和私人主导的供给端低收入家庭住房建设的税收抵免计划（The Low-Income Housing Tax Credit，LIHTC）和需求端补贴的租房券计划（Housing Choice Voucher Program，HCVP）。1970 年之后，公房建设计划逐步退出历史舞台，LIHTC 和 HCVP 成为主导性的、相互竞争又相互补充的两种方案。

从事后的政策效果评估看，这三大计划的政策出发点都在于提供低成本的住房（廉租房）和降低低收入家庭的住房负担，但未能有效解决种族歧视、贫困集中和经济效率。新世纪以来美国低收入家庭的住房支持政策也始终围绕这三个方面进行校正，且效果有所改进。美国保障房政策实践的借鉴含义在于初始制度的设计应同时兼顾补充住房缺口、提高住房可承担能力和降低贫困集中三个目标，从而最大限度地降低后续政策纠错的成本。

① 美国公房建设计划及其效果评估

美国公共住房计划设立于 1937 年，是新政后期通过的立法之一，立法最终通过不仅是因为公共住房可以补充低收入家庭对廉租住房的需求缺口，而且也因为在决策者看来公共住房在创造就业和清除贫困集中方面所具有的积极作用。但事后来看，公房建设计划有效解决了第一个问题，对后两个目标反而有所恶化。首先，在租户选择方面，公共住房仅仅针对最低收入家庭，当租户收入超过公共住房允许的最高收入时，将不能继续租住。这导致了公共住房居民平均收入的持续下跌，从而出现了贫困集中现象。为了缓解这一现象，议会多次颁布法案，明确不同收入阶层居民的租住比例。其次，项目选址上，最初的立法使得公共住房倾向于位于低收入群体和少数种族聚居的地区。由于地方政府对于是否修建公共住房具有决定权，一些富裕的郊区和市政府没有义务进行公共住房建造，这导致公共住房远离了所谓的"富人区"（富人集中在郊区），而使低收入阶层相对集中。

从历史趋势看，1949 年到 1968 年是公房计划大规模实施的阶段，但在后续运行中出现了诸多问题，并最终在 1970 年初逐步退出历史舞台，被 LIHTC 和 HCVP 取而代之，后两种形式成为美国新世纪以来处于主导地位的两种保障房建设方案。其出现的问题主要包括：

第一是资金问题。1937 年的美国住房法案规定，联邦政府只提供本金和地方政府为筹集公共房屋所发行债券的利息，运行维护成本不在租金之内，租金必须用于偿还债务。在公共房屋新建时期，资金方面压力并不大。但是到了 50 年代之后，随着房屋使用年限的延长，房屋运行的维护成本越来越高，这使得公共住房机构在财力上难以维持。同时宏观经济形势波动也加大保障房建设的不确定性。例如，20 世纪 70 年代，严重的美国地方政府财政危机使得地方政府无法承担 1968 年住房法公共住房建设计划的所需资金，直接影响了保障房的建设。

第二是施工质量问题。基于公平性的考虑，为低收入人群建造的公共住房，美国规定其标准不能超过其他获得非公共房屋的人群，这导致公房建造质量较差，从而加大了后期维护成本，对租户和政府财政形成沉重负担。

第三是社会问题。虽然联邦政府制定了关于保障房建设的详细标准，但是由于保障房建设最终依赖于地方企业和地方政府，建筑过程中，地方企业倾向于节约现金流，质量难以保证；而地方政府也倾向于将保障房社区与其他社区分割开来，从而形成了低收入群体和少数民族群体与主流社会的脱节。20世纪50年代，美国为节省土地曾兴建大量高层公房，有的地区的黑人在搬入这些高层公房后仍然处于被隔离的状态。这种变相的种族隔离在当时就引起黑人的极度不满，并成为20世纪60年代大规模种族骚乱的诱因之一。

第四是住房废弃问题。在经济形势好转以后，无力承担住房支出的低收入阶层人数减少，新建住房有可能被大量闲置。这一情况在第二次世界大战后经济持续繁荣阶段曾经出现，1949年住房法实施中所建设的公共住房有很多在这一阶段被废弃。

第五是对私人房地产投资的挤出问题。由于政府投资建设的公房在无须交税的情况下，与私人房地产开发商产生了竞争，则导致部分私人开发商减少了对新住房的投资。因此美国的公共住房提供计划曾经遭到私人房地产开发商的强烈反对，1949年住房法的国会辩论就长达四年之久。

正是这些原因，公房建设计划的实施进程在1990年之后趋于减少，在供给端的财政支持政策逐步由LIHTC计划所取代。

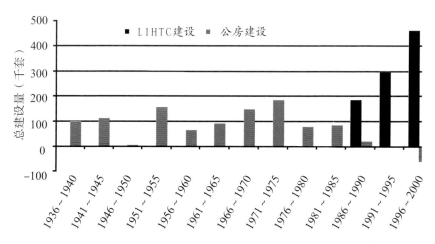

LIHTC方案和公房建设方案的供给规模对比

数据来源：HUD

② LIHTC计划及其效果评估

美国的LIHTC计划于1986年颁布的《税收改革法》设立，并于1990年之后大规模实施。该方案针对供给端进行税收抵免和补贴，且直接与住房项目挂钩，因此，被称为"基于项目的税收支持方案"。该方案的操作特点是：

◆ 开发商和地方政府共同决定项目建设的具体位置。

◆ 政策设计目标并不完全面向最低收入家庭，覆盖范围的标准设定相对灵活，即有资格获得税收补贴的出租房必须至少有 20% 的单元可为收入不高于都市区平均收入 50% 的住户所承受，或者有 40% 的单元可为收入等于或低于都市区平均收入 60% 的住户所承受。这使得租金的设定并不直接与某个家庭的收入相关，而是与所在都市的平均收入水平挂钩，具体操作中，开发商通常以租金标准的上限为导向，这是该计划与 HCVP 方案的不同之一，后者通常是都市收入为 20% 作为核定标准。

◆ 财政补贴的基准设定取决于中低收入租户的占比及扣除土地成本后的建筑费用，如果全部居民为符合条件的覆盖对象，则可在相关基准上附加一个扩大系数，然而政府以十年为期限，按照基准额度的一定折现率（通常为 9% 进行补贴或减税），例如，建筑成本为 100 万美元，全部为核准的低收入家庭住户，扩大系数为 130%，则补贴的基准额度则为 130 万，按照期限十年，折现率为 9% 计算，开发商每年的补贴额为 9%×130=11.7 万，10 年共获补贴额 117 万。在此标准下，开发商则可以根据项目的收益率和补贴额度选择最为经济的负债结构，或直接将项目打包成证券化产品，将长期收益短期化。

◆ 在实践中，为了支持开发商供给廉租房，地方政府及其管理机构还同时开发了多元化的融资渠道，此外，税收补贴的方式也是非常灵活，地方住房金融管理机构在决定符合补贴条件的住房类型时有很大的裁量权，可以有选择地鼓励开发商提供针对老年人和其他特殊需求人群的廉租房，或者有选择地将廉租房建在市区或郊区（表 2-1）。

表 2-1 LIHTC 计划的额外融资渠道

额外融资支持政策	覆盖对象				
	低收入家庭%	老年人%	残疾人%	无家可归者%	其他%
免税债券融资	29.1	31.8	15.9	9.6	20.1
RHS 515 条款融资计划	6.6	6.8	6.1	3.7	2.6
联邦组织融资计划	28.3	30.3	31.9	29.3	30.8
地方城市发展融资计划	6.0	5.0	5.6	9.5	5.9
FHA 保险融资计划	3.6	4.1	2.2	2.9	4.8
联邦希望 6 号融资计划	4.2	1.4	3.0	1.4	2.8

数据来源：HUD

LIHTC 计划的实施效果，可以从以下几个方面评估：

a. 规模、结构与质量：该计划最大的优势在于有效地扩大了廉租房供给，它虽然起步较晚，但发展速度很快，1995 ~ 2007 年间，平均每年完成项目 1500 个，累计完成 18865 个廉租房项目，140 多万个住房单元。建设结构上，超过 60% 的项目为新建，其余主要为翻修项目，其原因是开发商参与翻修项目的税收补贴率较低，收益相对略低，使得新建成为最受开发商欢迎的选择。建筑类型上，起初开发商倾向于建设中小型项目，平均项目单元数为 30 个左右，但后来，这种情况逐步发生变化，目前已上升到 76（表 2-2）。通常，项目的合格率均在 90% 以上，但比较而言，城市中心，穷人居住区较为密集的项目质量一直低于郊区（多为针对中等收入家庭的项目）和平均水平，这也显示针对低收入家庭的廉租房质量问题难以完全避免。

表 2-2　LIHTC 计划下的廉租房项目建设类型及区位

	市中心区	郊区	非城区	总计
项目规模（单元）	85.6	90.6	40.4	76.2
项目合格率%	93.1	95.6	97.2	94.9
平均房间数%	1.9	1.9	1.9	1.9
新建%	51.6	71.7	69.9	62.2
翻修%	46.1	27.5	29.2	36.3
其他%	2.3	0.8	0.9	1.5

数据来源：HUD

b. 目标人群定位及租金标准。开发商往往倾向于投资中低收入甚至高收入人群的住房项目，低收入人群的住房需求事实上没有得到有效满足。LIHTC 计划支持的廉租房项目租金不仅比其他政府支持的项目高，而且也倾向于开发市场上本身并不短缺的项目，这使得廉租房项目出现一定的空置。通常对比来看，传统公房中，覆盖的低收入家庭占比为 77%，LIHTC 计划下的廉租房仅有 56% 为低收入家庭，并包含 16% 的高收入家庭。

c. 区域定位、贫困集中及种族隔离。从区域定位上看，1995 ~ 2007 年，平均45% 的 LIHTC 项目建在贫困集中度较高的市区，而仅有 31% 的项目建在贫困集中度相对较低的郊区。从时间阶段上看，2000 年之前，郊区项目占比基本处于略微上升趋势，这对于解决贫困集中有所帮助，但 2000 年之后，这一趋势开始弱化。尽管如此，相比较而言，传统公房在解决这个问题时的效应则更差。

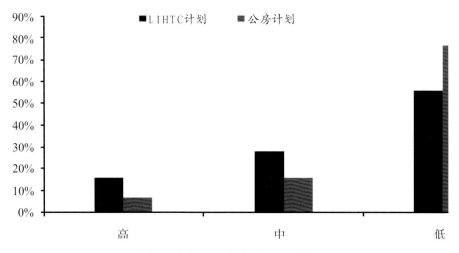

LIHTC 方案和公房建设方案的覆盖对象对比（%）

数据来源：HUD

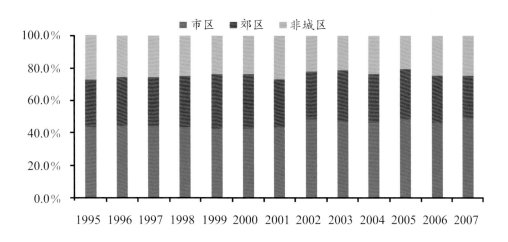

LIHTC 住房建设的区位选择

数据来源：HUD

d. 运营期限设计。政策设计上，LIHTC 计划支持的廉租房项目服务期限初始设定为 15 年，然而到期之后，如何获取足够的资金对其进行收购和改造是一个更大的问题。事实上，运营 15 年以后，几乎所有的建筑都需要对其主要系统进行更换和升级。为了解决这一问题，税收补贴项目的维修往往需要通过再融资方式获取资金，新的抵押贷款被用来支付必要的改造。但是对于那些房租收入很低的项目，新的抵押贷款带来的收益不足以支撑住房收购和项目翻新所需要的全部费用。

③ HCVP 计划及其效果评估

与 LIHTC 计划相比，HCVP 计划的核心特征是直接对低收入家庭进行财政补贴，可称为需求端的支持政策。1974 年住房法设立了第一个全国租房券项目。最初，该项目为收入不高于城市平均 80% 的住户提供租房券，具体操作方式上，该计划补贴符合条件家庭收入的 30% 与公平市场租金之间的差值，要达到租房券项目的要求，出租单元必须在物质质量和面积上满足相应的规定，同时，房东必须同意参与项目。截至 2007 年，租房券资助的住户超过 200 万，财政支持力度也超过任何其他联邦住房项目。

原则上，HCVP 计划的有效性取决于几个条件：其一，住房供给是否足够。在住房供给紧张的地区，租房券项目的效果较差。这些地区所面临的最重要问题并非收入不足而是供给不足，因此新建住房增加供给更为重要。在住房静态供应的市场里加入住房津贴会导致房租上升，而房租上升不仅影响到租房券的所有者，也会影响其他正在寻求类似住房的中低收入家庭。其二，租房的持有者能否选择到自己合适的住房；对于一些特殊家庭，如对家庭人数较多的家庭、老年人和有特殊需求的家庭，使用租房券找到住房的成功率较低。其三，房东是否愿意接受低收入家庭的租客。在实践，这是一个主要问题，部分房东不太希望自己的邻居为低收入的贫困家庭，因此往往会拒绝接受租房券，为克服这个问题，美国后来曾专门立法限制这种行为。

在过去几十年的具体操作中，以及在多数研究中，可以发现住房券的最大优点是在于其给予低收入家庭最大的自由度去选择合适的社区、邻居和住房所在地，允许租房者在更广泛的范围内寻找住处。对于租户而言，因其具有更多的选择机会，从而部分缓解了低收入群体集中居住所带来的脱离主流社会、犯罪率上升等问题。此外，租房券制度允许参与计划的租户在住房市场上自由选择住房。因此能够充分利用存量房源，节约社会资源。租金水平的提高也是的出租房屋的房主有激励提供一部分资金对房屋进行修葺，从而避免了房产废弃的问题。

对于美国政府而言，租房券计划也存在明显的优点：第一，租房券制度并非生产性项目，因此可以减轻联邦政府的债务负担和额外支出。对于政府而言，租房券项目平均每单元的支出要少很多，政府支出同样数量的资金可以资助更多的低收入家庭。其关注点在于解决收入不足的问题而非住房供给不足的问题，更能有效解决需求问题。第二，租房券制度可以避免联邦政府对住房市场进行直接干预。该计划使得政府能够在市场机制的框架内，通过财政补贴的形式提高城市低收入阶层的住房支付能力，有效地提高住房消费水平。此外，房租补贴计划不涉及住房的建设环节，不需要政府付出大量的监督成本，从而减轻了政府的工作压力。

④ LIHTC 和 HCVP 政策的比较

总结美国针对低收入家庭的住房保障政策，从政策主导扩大供给（公房建设计划）到财政支持、市场主导建设廉租房（LIHTC 计划）再到住户租房券（HCVP），政策也从扩大供给逐步转移到提高住户住房可承担能力，目前则再次转移到如何通过校正这两种方案以实现贫困的分散化和消除种族隔离。这应该是美国住房政策目标的演进逻辑，即从住房保障的初始目标转向范围更广泛的以扩大住户社会福利水平即减少贫困集中、提高就业、实现就业机会均等化，并最大限度地追求经济效率。

然而，从 LIHTC 计划和 HCVP 计划实施的效果来看，虽然两种方案均不同程度地减少了贫困集中，但效果十分微弱。从数据看，这两种方案解决的住户贫困线以下占比为 19%，均明显高于城市所有租客和家庭的整体贫困水平占比，但仍然要比公房建设计划的贫困集中度要低很多，这意味着 LIHTC 计划和 HCVP 计划虽然不能完全解决这一问题，但也基本上是目前可选的次优方案，因此，美国后期的政策演变主要以改进这两大方案为主，一方面专门成立管理机构，以帮助住房券持有人更分散化的分布于中等收入社区，另一方面，通过控制项目的区域选择来改进 LIHTC 计划的效果。

此外，这两种方案在解决教育均等化、提高就业机会等方面也基本没有明显效果，多数的实证研究和调查数据显示，在通过这个方案解决基本住房问题之后，住户倾向于增加食品开支，而不会增加教育和培训支出。

表 2-3　两种方案下贫困线以下住户占比（%）

	LIHTC 计划	HCVP 计划	全部租客	全部家庭
郊区	12.5	13.5	10.7	8.2
市中心区	26.0	23.2	20.5	16.9
非城区	16.7	17.9	16.3	14.5
全部	19.4	18.9	16.0	12.2

数据来源：HUD

2. 面向群体特点

保障性住房和商品房面对的客群是不一样的，保障性住房一般是城市低收入群体，商品房面对的是有一定经济实力的客群，甚至是属于比较富裕的一些人。

廉租房：符合城镇居民最低生活保障标准且住房困难的家庭；

公租房：新就业职工等夹心层群体；

经适房：面向城镇中低收入家庭。

3. 保障模式特点

（1）美国保障模式特点

① 增加供给模式：指由联邦政府支付全部或者部分资金给当地公房机构或者私营生产者，由他们新建或者修复现有的建筑以增加保障性住房供给。增加供给模式可以分为以下两种：一是由政府直接兴建，即指政府用财政拨款直接为中低收入群体建造住房，在美国的住房保障政策中，比较典型的项目是公共住房；二是补贴房地产开发企业或非盈利机构建房，即政府通过向房地产开发商提供低息贷款或减免地价款等措施，刺激其兴建保障性住房，也可以给州或地方政府提供组团基金，使他们有更多的自由开发自己的项目。

② 补贴需求模式：着眼于直接给中低收入群体提供资金援助，以提高居民住房消费能力，带动住房需求增长。按需求方对拥有住房权利的不同，补贴需求模式又可以分为两类：一是租房补贴，即政府对低收入群体的房租给与一定的补贴，目的在于提高弱势群体租房支付能力，如美国自 1980 年代起实施的租房优惠券计划；二是购房补贴，即在居民购买住房的环节，给予一定的优惠待遇，或补贴住房购买者，如为实现以自有住房为代表的"美国梦"而采取的一系列金融、税收优惠政策等。

（2）我国住房保障模式

增加供给模式下的项目主要以经济适用房和廉租住房为主，但在各地的实践探索中，一些经济发达的地区推出了配套商品房、限价商品房以及面对城镇中低收入居民的经济租赁房政策等；补贴需求模式下的项目主要有住房公积金，以及各种针对中低收入家庭消费者的金融、税收等政策。

4. 保障制度特点

（1）发达国家

对保障群体有准确的界定，居民收入审查制度相对完备。实施住房保障都是以收入和住房（或资产）状况作为准入条件，只有收入低于某个水平才能申请政策性住房。

（2）我国

最低收入家庭承租廉租住房、中低收入家庭购买经济适用房、处于中低收入与高收入家庭之间的城镇"夹心层"购买限价房。但审核制度不完善，并不能真正掌握购房者的实际收入，使得经济适用住房政策的供给对象审查难以建立在客观、公正和科学的基础上。

5. 产权特点

（1）我国

在很长一段时期内，我国的经济适用房一直是采取只售不租的供应方式，直到 2004 年的《经济适用房管理办法》出台，才提出实行租售并举，鼓励房地产开发商建设用于出租的经济适用房。江苏省在 2006 年率先在全国进行了试点，无锡、连云港、姜堰、高邮、苏州 5 市已经开始实施"先租后买"租售并举的"产权共有"模式。

正在建设中的经济适用房工地

（2）英国：共有产权房和共享权益房

英国住房的共有产权（shared ownership），是政府对有一定购房支付能力，但又难以在市场上承担全部购房开支的部分群体设计的一种分阶段购买住房的方式（staircasingup）。其所谓共有产权住房，允许购房人根据其支付能力出资购买住房协会所拥有住房的一定份额的产权（可使用抵押贷款），通常在25%～75%，与住房协会共同拥有各自比例的住房产权。购房人对住房协会持有的产权部分支付优惠租金，租赁年限为99年，并可在具备能力后逐步申请购买剩余的产权。当然，如果住户因为自有产权份额较大，而收入下降导致其自有部分贷款还款负担过重的，还可以申请降低份额，即向住房协会出售一定比例的产权。

6. 组织运作特点

目前许多城市的福利性住宅是由国有的房地产企业开发建设的，目前对国有房地产企业的政策优惠，并不能保证房地产企业的产出效率，也不能保证政府的投资效率。同样，以开发公司为主组织建设福利性住宅，也不能体现政府发展福利性住宅的政策意图。福利性住宅是政策性业务，以开发公司为主组织建设，开发公司以追求利润为目标，在福利性住宅上考虑多的是销售和利润，对购房者和购房数量不加限制，于是出现了高收入家庭也买福利性住宅，甚至出现了一些人买多处福利性住宅用于投资的现象。

福利性住宅的建设需要有专门的政府或半政府机构组织协调，由非盈利组织或委托房地产开发企业建设，由政府或政府委托的机构制定家庭收入线标准、审批购买资格、厘定销售价格、提供购房担保、负责使用期间物业管理。在开发建设阶段，政府视市场需求情况确定开发建设规模（以销定产），以行政划拨方式提供土地，通过减免税费、适当控制建设标准、严格开发、设计、施工等阶段的招标管理等手段控制开发建设成本。

在销售阶段，严格界定销售对象，即具有当地常住户口的中低收入家庭的居民，实行购买过程中的申请、审批、公示和登记备案制度，以政府审定的微利价格限价销售；在使用阶段，全面推行社会化物业管理，保持福利性住宅的良好运行状态和居住环境定价特点：

① 建设标准要适合我国国民经济发展水平，并且要因地制宜，不搞全国统一标准。

② 充分考虑中低收入家庭和低收入家庭的住房困难，使其在金融政策、政府优惠政策的扶持下，能够买得起、租得起。

③ 政府在建设用地、开发建设税费等方面给予优惠政策，并使这些优惠政策真正落实到住房困难家庭。

④ 实行灵活的产权制度，租售并举，消除制度壁垒，以利住房流通，顺利进入二、三级市场。

⑤ 严格招投标制度，同时，保证开发商、承包商合理的经营利润。

7. 金融特点

（1）住房公积金

国家住房公积金的施行强度采取分别对待的政策，即条件差的城市和企业可以少交点，有条件的城市和企业可以成倍提高公积金存缴占工资的比率。住房公积金存贷款实行低息原则，即利息的低进低出，不以赢利为目的，不受银行利率的影响。

（2）个人住房抵押贷款

个人住房抵押贷款包括商业性个人住房抵押贷款和政策性个人住房抵押贷款。

（3）商业性贷款

由于商业性个人住房抵押贷款是一种纯商业行为，银行以赢利为目的，同时承担相应的风险。

买大城市房已成为中国大多数家庭不能完成的任务

（4）政策性贷款

政策性个人住房抵押贷款是国家政策性住房金融机构面向居民个人进行的住房抵押贷款税收政策特点：

① 间接税为主的庞大房地产税收体系；

② 针对土地的税收较多；

③ 税收主要集中于住房交易环节；

④ 住房税收优惠政策主要集中在供给方；

⑤ 住房保障税收政策倾向于间接税优惠；

⑥ 基本没有针对抵押贷款利息支付方面的税收优惠政策。

8. 物业特点

保障性住房的居住者年龄不同，文化背景不同，习惯不同，方言不同，职业不同，受教育程度不同，容易产生文化碰撞，给物业服务带来困难。这里有部分业主物业消费意识淡薄，拖欠、拒缴物业服务费的原因，还在于物业收费超出了低收入家庭的经济承受能力。有些社区的业主大多来自低收入家庭和城市周边农村失地居民，许多住户仅能维持基本的生活消费开支，有的还需政府救助补贴，每月不菲的物业费用无疑加重了其经济负担。因此，这些保障性居住小区经常因为物业费导致物管企业与业主、业主委员会的矛盾冲突。

物业公司当初进驻这些小区是因为可以先期获得业主拿房时必交的物业押金，或者冲着社区配套用房经营租赁收入而来。随着这些收益的减少消失，加上无法收到足够的物业费用，物业公司往往无法坚持下去甚至出现单方撤走的情况，由此导致社区出现混乱局面，严重影响了安置居民居住和生活质量。当前保障性住房物业服务基本上还在探索阶段，有许多的问题有待解决：如保修期间内代建方如何保修的问题；停车收费如何与管理部门分成的问题；我们物业管理部门与公房管理部门之间关系的问题；保障性住户不遵守保障性住房管理规定应由哪个部门来处理的问题；政府应承担的费用如何兑现等等。这些暴露了保障性住房物业服务模式与传统的物业管理法律和政策规定方面的不相适应。

9. 公共物品特性

具有排他性和非竞争性，属于准公共物品范畴。排他性一方面表现为排斥其他收入群体来分享政府的这种福利；另一方面在城市贫困群体内部，在政府实物配租数有限时存在获取优先租住权的竞争。非竞争性则表现在对以上排他性矛盾不能用价格竞争的方式来解决，否则会导致房租价格上涨，抵消福利效应，使部分低收入家庭遭受福利损失，失去了住房福利保障的效率和公平的意义。

10.市场信息不对称

对于普通的住房供给者而言，很难清楚地把握低收入家庭能够承租的住房的造价标准和需求数量。标准过高、数量过少不能充分满足市场需要；而标准过低、数量过多又可能产生低劣住房供给过度，造成资源浪费。

第二节　保障性住房对弹性地板的技术性要求

1.弹性地板施工工艺

（1）工艺特点

① 施工工艺简单，实用性强，能适用于多种场合地面铺贴施工；

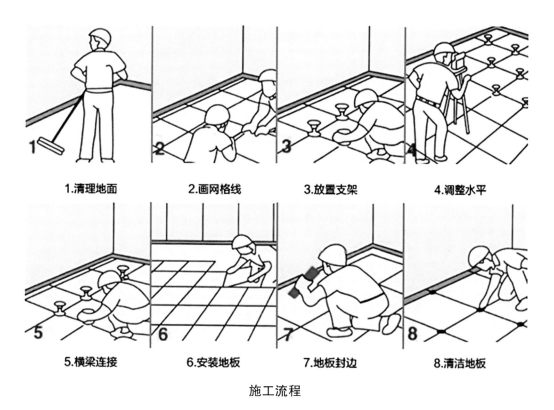

| 1.清理地面 | 2.画网格线 | 3.放置支架 | 4.调整水平 |

| 5.横梁连接 | 6.安装地板 | 7.地板封边 | 8.清洁地板 |

施工流程

② 铺贴速度快，施工质量有保证；

③ 新型地材具有以下优异的技术性能：

a. 风格鲜明的颜色、优美的色泽、精致的花纹；

b. 防滑、弹性佳、防碰撞跌伤；

c. 耐磨性强、不易燃烧、耐腐蚀、无污染；

d. 便于清洗和保养；

e. 消除噪声。

（2）适用范围

本工艺不但适用保障房，也适用于医院、办公、休闲、娱乐等场合地面面层的铺贴。

（3）工艺流程

基层处理→上界面剂（底油）→自流平施工（厚度为 2mm）→精打磨处理→弹性地板施工→保养。

（4）操作要点

弹性地板现场施工图

① 基层的处理

先用铲刀将地面上原有的油漆、水泥硬块等突起物铲除，再用高等级的水泥砂浆找平地表的坑洼及裂缝，做到地面平整并用打磨机将整个地面打磨一遍，以确保地面没有突起和松动的部位。再用扫帚将各个角落清扫干净，用水平仪测量地面高差。用打磨机将局部高处进行打磨，保证地面基层表面平整度控制在2mm。然后进行整体清理工作，务必清除地面的微小颗粒。进行自然风干，使整个地面含水率不超过6%。

② 上界面剂（底油）

SP—360粘合剂对水泥等无机材料有很好的粘结性、优异的耐水性和良好防潮功能，物质坚韧且有很好的延伸性。

基本特性

◆ 容易施工，与水稀释（粘合剂根据所施工的地面面积其用量按0.2kg/m^2，配合比为粘合剂:水 =1∶8质量比）充分搅拌均匀，用羊毛辊筒均匀地涂在地表。特别干燥的地面需分两次涂刷，用量与前次一样，间隔时间根据底油的变色情况确定。

◆ 粘合剂增加水泥材料层与面层之间的接触，增强附着强度，可改善新旧水泥层接触产生的空鼓现象。

③ 自流平施工

a. 材料简介

自流平水泥是以水泥为基本原料，掺加活性材料及其他外加剂而成的新型建材。自流平水泥与水搅拌后具有高流动性，快速凝结性，完成面坚实耐压、耐磨、不龟裂等优点。

b. 搅拌

根据其配合比自流平水泥：水 =1∶0.24（质量比）。搅拌之前准备工作一定要充分，搅拌器要选用功率超过1kW的搅拌器，加水要采用量筒，计量要准确。搅拌桶应充分搅拌，静置3min后再搅拌至无颗粒后即可使用。

c. 自流平与消泡

自流平施工必须连续进行，而且施工过程中禁止出现交叉作业。自流平水泥搅拌完成后，应尽快将桶内水泥倒入施工现场，厚度2mm的自流平用自流平耙子进行刮抹，因为该把子能均匀控制自流平的施工厚度。自流平在地面上刮抹后，应尽快用辊子进行消泡处理（即消除自流平表面及内部的气泡），刮抹和消泡的工人必须穿上钉鞋，自流平的施工是边施工边往后退。

④ 精打磨处理

自流平施工完毕24h内避免强风吹、烈日晒、震动或刮伤。所以现场保护显得尤为重要。

24h以后即可进行打磨，因为在自流平施工完后其表面仍有气孔和颗粒，这些情况需要打磨机来做进一步的精找平处理。打磨机对整个工程的材料非常有帮助，因为打磨可以减少以后工程中粘结剂的使用量。

⑤ 弹性橡胶地板施工

粘贴弹性橡胶地板所使用的粘结剂材料一般是上海耐齐公司生产的A型SL优成水性弹性橡胶地板胶。

具体施工做法：

a. 规划布置：弹性地板施工前，应先根据房间开间及进深与地板自身面积尺寸的具体情况合理分布，将地板的损耗量降低到最低限度。

b. 铺贴：将地板胶均匀涂在基层面上，然后铺设地板时必须保证地板与基层完全粘合，为确保此项工作的施工质量，采用质量为50kg的全不锈钢滚压轮进行反复滚压。

c. 切割：弹性地板的切割采用专业切割机（沃夫尔接缝切割器），此种切割器能将重叠的两块地板中底下一块的边线准确地划到上面一块地板上并进行切割，确保接缝紧密平直。

d. 开槽：地板铺设到涂有粘结剂的基层表面大约24h后，利用专业开槽机将地板接缝处开半圆形槽，用以容纳热熔焊接的可融焊条。

e. 焊接：地板接缝可通过热融焊枪将可融焊条自导入并施压于U形接缝，不需另外嵌压，同时据有关实验证实，焊缝的强度几乎与被焊材料其本身强度相等（注：焊枪的工作温度在3000℃，地板可接受的焊接温度为6000℃）。

f. 修平：焊接后未等热融焊条冷却，立即用铲刀将露出地板部分修平，修剪后尚有小部分露出地板，可待其完全冷却后进行修平。

g. 保养：由于本产品属免打蜡产品，若进行保养，只需用半湿拖布加入适量的中性清洁剂反复拖擦，便可保证地板亮白如新，为保证地板使用的长期性，尽可能避免带尖硬物、铁器等直接与地板接触。

h. 施工过程中注意的几点问题及解决办法

◆ 基层干燥或温度较高或底油涂抹不均匀，会造成自流平做完后气泡异常多且消泡不易消除。解决办法：施工界面剂（底油）前，在太干燥的基层上喷洒少量水，或者可以增涂一遍底油的办法来解决。

◆ 自流平水泥施工环境温度不能低于 50℃，温度过低，造成自流平水泥内高分子树脂活动减弱，导致水量偏高，造成部分表面有粉层现象。解决办法：对粉层现象严重区，可增涂界面剂，增助硬化产生渗透加固作用。

◆ 自流平水泥的配比中水量过多，等水泥硬化后颜色呈灰白色（注：正常的自流平颜色为青灰色），而且自流平强度非常差，有用小锤轻轻一敲便裂的情况。解决办法：每桶都必须严格控制配合比。

◆ 橡胶地板、界面剂（SP—360 粘合剂）、自流平水泥、粘结剂、热融焊条。

⑥ 施工机具及仪器

铲刀、打磨机、羊毛辊筒、1kW 搅拌器、量筒、自流耙、全不锈钢滚压轮、接缝切割器、开槽机、热融焊枪。

⑦ 质量要求

a. 所使用的材料（自流平水泥、橡胶地板、地板胶）品种、规格、性能等应符合现行国家产品标准和设计要求。

b. 允许偏差表面平整度 2mm，接缝顺直 3mm。

⑧ 劳动力工作对比情况

根据现行的地面装饰材料及劳动力技术能力情况分析，两个人（一个技工和一个壮工）铺贴块料面层（地板砖或大理石地面）一天的工作量 30m² 左右，即使大面积铺贴一天的工作量最多为 50m²，且块料面层份量较重，需轻拿轻放，劳动强度较大；而施工弹性橡胶地板（规格 2000×6000×3）两个工人一天的工作量可为 80m² 以上，质轻、易搬运、不易破碎、容易施工、劳动强度低，且施工质量较易得到保证，不会像铺贴块料面层出现空鼓等质量通病。

2. 保障房性住房对弹性地板的技术要求

（1）耐磨性：由于检测方法的不同，欧标和国标对不同材料耐磨性能的界定比较复杂，对于使用者来说，只需要根据具体材料达到的 EN685 级别或国标级别进行选择即可。EN685 耐磨性能的排序为：21-22-23-31-32-41-33-42-34-43。国标为：通用 - 耐用（由低到高排序）。

耐磨是最基本的质量要求

（2）色牢度：色牢度数值的测定是参照 ISO 105-B02，一般为 6 度和 7 度，数值高代表色牢度更好，不容易变色。

色牢度是美观的保证

（3）防滑：欧洲标准 BGR181 规定了弹性材料的防滑等级应在 R9 ~ R11 之间，等级越高，防滑性能越好。

弹性地板要保证老人孩子的安全行走

（4）留凹陷度：代表地板在受压变形后回复能力的强弱，在欧标 EN433 和国标中都有对该项参数的界定，但由于检测仪器的差别，对最终数值的界定也不同。数值越小，材料受压后最终产生的凹痕越小。通常同质透心结构产品优于叠压结构的产品，而叠压结构硬质背层的产品残留凹陷度数值优于发泡背层的产品。

回复能力的强弱是弹性地板重要指数

（5）尺寸稳定性：EN434、GB/T4085-2005 和 GB/T11982.1-2005 对材料加热长度变化率（亚麻除外）要求是卷材 0.40%，片材 0.25%。亚麻要根据空气湿度而定（参照 EN669）。

尺寸的稳定性不仅是对适用的要求，也是美观要求

（6）表面处理：可分为通体聚氨酯（PUR）处理、表面 PUR 处理和无 PUR 处理三种，聚氨酯的作用是封闭材料表面分子之间的孔隙，提高抗污性能。

孩子的画笔需要有一定抗污能力的地板

（7）防火：根据德国 DIN4102、美标 ASTM648 和国标 GB8624-2012 之规定，铺地材料均应达到 A 级。

防火是弹性地板不可取代的优势

第三节　PVC 地板施工工艺和技术要求

1. 地坪检测

（1）使用温湿度计检测温湿度，室内温度以及地表温度以 15℃为宜，不应在 5℃以下及 30℃以上施工。宜于施工的相对空气湿度应界于 20% ~ 75% 之间。

（2）使用含水率测试仪检测基层的含水率，基层的含水率应小于 4%。

（3）基层的强度不低于混凝土强度 C20 的要求，用硬度测试仪检测基层的表面硬度不低于 1.2MPa。

（4）基层平整度应在 2m 直尺范围内高低落差小于 5mm，如直接铺设 PVC 地板而不进行自流平找平的基层地面平整度高低落差应小于 2mm。

测量地面平整度

（5）使用小钢锤敲击基层表面检查是否有空鼓；目视基层表面是否有裂缝。

基层（找平层）验收标准为（GB50209-2010）《建筑地面工程施工及验收标准》。

2. 地坪预处理

（1）采用1800W以上的地坪打磨机配适当的磨片对地坪进行整体打磨，除去油漆，胶水等残留物、凸起和疏松的地块。

对地坪进行整体打磨

（2）用不小于 2000W 的工业吸尘器对地坪进行吸尘清洁。

（3）对于地坪上的裂缝，可采用不锈钢加强筋以及聚氨酯粘合剂表面铺石英砂进行修补；有空鼓的需铲除后重新修补。

3. 自流平施工——打底

（1）吸收性的基层如混凝土、水泥砂浆找平层应先使用多用途界面处理剂进行封闭打底。

多用途界面处理剂进行封闭打底

（2）非吸收性的基层如瓷砖、水磨石、大理石等，需使用密实型（非吸收性）界面处理剂进行打底。

（3）如基层含水率过高（>4%）又需马上施工，可以使用环氧界面处理剂进行打底处理，但前提是基层含水率不应大于 8%。

（4）界面处理剂施工应均匀，无明显积液。待界面处理剂干燥后，即可进行下一步自流平施工。

4. 自流平施工——搅拌

（1）按自流平包装袋上的水灰比称量好清水，将自流平水泥倒入称量好清水的搅拌桶里，边倾倒边搅拌。

自流平水泥边倾倒边搅拌

（2）为确保自流平水泥搅拌均匀，需使用大功率、低转速的电钻配专用搅拌器进行搅拌。

（3）搅拌至无结块的均匀浆液，将其静置熟化约 2min，再短暂搅拌一次。

注：加水量应严格按照水灰比（请参照相应自流平说明书）。水量过少会影响流动性。过多则会降低固化后的强度。

5. 自流平施工——铺设

（1）将搅拌好的自流平浆料倾倒在需施工的地坪上，使用专用的自流平刮板（齿耙）配合适齿条进行批刮。

（2）随后应让施工人员穿上钉鞋，进入施工地面，用自流平消泡辊筒在自流平表面轻轻滚动，将搅拌中混入的空气放出，避免气泡麻面及接口高差。

穿上钉鞋用自流平消泡辊筒轻轻滚动

（3）施工完毕后请立即封闭现场，5h 内禁止行走，10h 内避免重物撞击，24h 后可进行 PVC 地板的铺设。

（4）冬季施工，地板的铺设应在自流平施工 48h 后进行。

（5）如需对自流平进行精磨抛光，宜在自流平施工 24h 后进行。

6. 地板的铺装——预铺及裁割

（1）无论是卷材还是块材，都应于现场放置 24h 以上，使材料记忆性还原，温度与施工现场一致。

卷材应于现场放置 24h 以上

（2）使用专用的修边器对卷材的毛边进行切割清理。

（3）块材铺设时，两块材料之间应紧贴并没有接缝。

（4）卷材铺设时，两块材料的搭接处应采用重叠切割，一般是要求重叠3cm。注意保持一刀割断。

7. 地板的铺装——粘贴

（1）选择适合PVC地板的相应胶水及刮胶板。

PVC 铺设现场——刮胶

（2）卷材铺贴时，将卷材的一端卷折起来。先清扫地坪和卷材背面，然后刮胶于地坪之上。

（3）块材铺贴时，请将块材从中间向两边翻起，同样将地面及地板背面清洁后上胶粘贴。

（4）不同的粘合剂在施工中要求会有所不同，具体请参照相应产品说明书进行施工。

8. 地板的铺装——排气、滚压

（1）地板粘贴后，先用软木块推压地板表面进行平整并挤出空气。

双头压轮滚压器、手持橡胶压轮器

（2）随后用50kg或75kg的钢压辊均匀滚压地板并及时修整拼接处翘边的情况。

（3）地板表面多余的胶水应及时擦去。

（4）24h后，再进行开槽和焊缝。

9. 地板的铺装——开缝

（1）开槽必须在胶水完全固化后进行。使用专用的开槽器沿接缝处进行开槽，为使焊接牢固，开缝不应透底，建议开槽深度为地板厚度的2/3。

地板开缝

（2）在开缝器无法开刀的末端部位，请使用手动开缝器以同样的深度和宽度开缝。

（3）焊缝之前，须清除槽内残留的灰尘和碎料。

10. 地板的铺装——焊缝

（1）可选用手工焊枪或自动焊接设备进行焊缝。

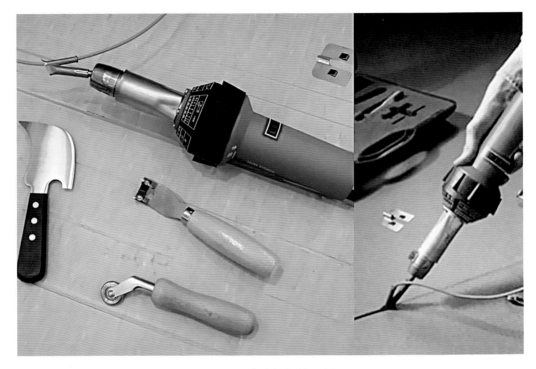

PVC 塑胶地板焊接工具

（2）焊枪的温度应按焊条的种类进行设置，一般为 350℃ 左右。

（3）以适当的焊接速度（保证焊条熔化），匀速地将焊条挤压入开好的槽中。

（4）在焊条半冷却时，用焊条修平器或月形割刀将焊条高于地板平面的部分大体割去。

（5）当焊条完全冷却后，在使用焊条修平器或月形割刀把焊条余下的凸起部分割去。

11. 地板的清洁、保养

（1）PVC 系列地板为室内场所开发设计，不宜在室外场地铺设使用。

（2）请根据厂方推荐的方法，选用相应的清洁剂进行定期的清洁保养。

用清洁剂进行清洁保养

（3）应避免甲苯，香蕉水之类的高浓度溶剂及强酸、强碱溶液倾倒于地板表面，应避免使用不适当的工具和锐器刮铲或损伤地板表面。

12. 相关工具

（1）地坪处理：地表湿度测试仪、地表硬度测试仪、地坪打磨机、大功率工业吸尘器、羊毛辊筒、自流平搅拌器、30L 自流平搅拌桶、自流平齿刮板、钉鞋、自流平放气筒。

（2）地板铺设：地板修边器、割刀、两米钢尺、胶水刮板、钢压辊、开槽机、焊枪、月形割刀、焊条修平器、组合划线器。

上海杰深建材有限公司是一家集产品研发、生产、销售于一体的新型建材公司，公司拥有经验丰富的技术应用队伍，以上"PVC 地板施工工艺和技术要求"是根据该公司品牌——美圣雅恒产品长期使用积累的经验和大量的测试而做出的，鉴于产品应用的实际效果与环境条件、施工方法有着不可分的因果关系，产品的最终使用品质取决于用户的技术判断力和按照行业规范操作程度。

第三章　保障性住房弹性地板推荐选用产品

第一节　卧室用弹性地板

1. 卧室用弹性地板的选择要素

卧室用地板的选取，一定要环保，防止有害物质对家庭成员的健康及儿童发育造成不良影响。尤其是儿童房的装修，地板是最重要的部分。因为孩子在离开摇篮后，儿童房地板就成了孩子们接触最多的地方。孩子们都是爬在地板上成长的，在地板上游戏甚至睡觉，地板自然而然就是他们最自由的空间。

儿童房的地板选择尤为重要

卧室用弹性地板的选择需着重考虑以下因素：

（1）残余凹陷性能。卧室有相对多的家具，尤其是床脚会承受较重的重量，所以对产品的残余凹陷性能要求较高，建议选用残余凹陷在 0.1mm 以下的弹性地板产品。目前我国生产的弹性地板都可以满足这个要求。

卧室地板效果

（2）花形选择面广。相对一般地板而言，弹性地板更具有花色多样性特点，基本可以满足住户个人喜好和装修风格。

弹性地板色彩多样

（3）耐磨层厚度。考虑到卧室的人流量很小，对产品的耐磨性能要求相对较低，所以，建议选择 0.1 ~ 0.3mm 厚度的耐磨层厚度即可。

（4）整体厚度。为具有更好的舒适感，建议选择整体厚度在 2mm 以上的弹性地板。

（5）价格因素。材料价格永远是重要的选择因素，为了适应各层次消费者的需要，弹性地板在保证质量的情况下，制定出一系列产品适用于各种客户需要。不经过表面处理的弹性地板不但质量有保障，而且价格便宜。表面经过 UV 处理的弹性地板，价格相对较高，但具有更好的耐污性、耐刮擦和耐磨性能。

表面经过 UV 处理的弹性地板更具耐磨性

（6）可选用产品类别。国内市场上的悬浮、圆角悬浮、普通乙烯基、锁扣、易贴、免胶等类别的弹性地板都可满足卧室对弹性地板的使用要求。

2. 卧室弹性地板选用推荐

（1）厚度 2 ~ 3.5mm 的木纹 PVC 塑胶弹性卷材地板。该产品属于压延复合型卷材地板，表面有复合 0.35 ~ 0.5mm 厚的耐磨层，宽度 2m，长度一般 20m；高弹性 PCV 卷材地板，产品厚度 3.5 ~ 6.5mm，主要应用保障性住房、廉租房和商品住房，针对儿童房和老年房基本技术要求，高弹性 PVC 卷材地板具有防摔，无毒无味，易清洗等特点，并有卡通图案和适合老年人的颜色花形，使用舒适，装饰美观；也可根据住房尺寸的要求定做，表面看上去和木制地板花色类似，也可以根据使用者的喜好，更改木纹的颜色，环保、无味、无重金属。另外，还可以根据设计师的要求定做，表面易清洁，阻燃防水功能，价格更便宜，成本和木地板相比，只需要木地板的三分之一的价格，但使用年限可达到 15 年以上，家庭使用在 20 年以上，如保养好还可无限期使用。此产品技术成熟，可选择层面广，深受广大用户的欢迎。

木纹 PVC 塑胶弹性卷材地板效果图

（2）PVC 塑胶弹性卷材地板。该地板 PVC 涂层加无纺布为基材的产品，是最近研制的全国唯一的宽度 4mPVC 的宽幅卷材地板，同时也解决了弹性地板的接缝问题，整体效果好。涂层地板卷材是家用常规产品，可生产 2 ~ 4m 宽，厚度为 1 ~ 3mm，长度 30m，产品环保无毒无味，按中华人民共和国国家标准生产，具有价格低，施工方便等优点。材质轻，便于搬运，施工时不需要专业人员，技术要求低，如水泥基平整，用户可以自行安装。一般保障性住房和民用房都是以小面积为主，此类弹性卷材地板在 4m 或 3m 的宽度，符合保障性住房的要求。产品不需要接缝焊接，整体效果好，PVC 弹性卷材专业为民用生产的，价廉物美，是所在住房首选产品。价格每平方米总成本 25 ~ 35 元，品质主要有仿木纹和仿毛毯两种，也有部分仿地砖或大理石纹。PVC 塑胶弹性卷材地板使用年限都在 15 年以上，如平时保养得当，使用年限会更长。因为价格低，短期租房使用可按照使用者喜好随时更换。PVC 卷材材料是可回收材料制成，不存在废料等问题。

pvc 塑胶弹性卷材地板

第二节 客厅用弹性地板

1. 客厅用弹性地板的选择要素

客厅用地板的选取，一定要易清洗、耐磨，且客厅是家庭招待客人等的场所，因此，客厅选用的地板还应该具有耐烟头灼烧的性能。橡胶地板、聚氯乙烯地板表面用普通的湿拖布就能清理干净，容易保养，干净清洁。聚氯乙烯地板耐磨性较好，橡胶地板耐灼烧性能优越，所以极适合在客厅中使用。

聚氯乙烯地板耐磨性强

客厅用弹性地板的选择需重点考虑以下因素：

（1）耐磨层厚度。考虑到客厅的人流量相对较大，故对产品的耐磨性能要求相对较高，所以建议选择 0.15 ～ 0.30mm 厚度的耐磨层厚度的弹性地板为佳。

0.15 ～ 0.30mm 厚度的耐磨层厚度的弹性地板

（2）残余凹陷性能。考虑到沙发等家具的重量，对所选弹性地板的残余凹陷也应在 0.1mm 以下。目前国内生产的全系列产品都可以满足该要求。

弹性地板的残余凹陷也应在 0.1mm 以下

（3）花形：根据住户自身喜好和装修风格进行选择即可。

弹性地板具有更丰富的花形

（4）尺寸规格。根据装修风格、花形和面积选定合适的尺寸即可。

（5）表面处理。因客厅需经常清理和人流量相对较大，建议选择表面经过 UV 处理的弹性地板，以获得更好的耐污性、耐刮擦和耐磨性能。

表面经过 UV 处理的弹性地板

（6）整体厚度。为获得更好的脚感，建议选择整体厚度在 2mm 以上的弹性地板。

（7）产品类别：国内生产的悬浮、圆角悬浮、普通乙烯基、锁扣、易贴、免胶等类别的弹性地板都可满足客厅弹性地板的使用要求。

弹性地板施工

2. 客厅弹性地板选用推荐

（1）复合型 PVC 弹性卷材地板。该表面有耐磨层和 UV 处理，中间有无纺布和玻纤加劲层，耐磨层为 0.35mm，总厚度 2.0 ～ 3.0mm，宽度为 2m，长度一般为 20m，这种产品要在水泥基上做自流平后再经过施工人员粘合地板胶完成。优点是材质轻，施工快，整体装修效果好，价格低，属于复合新材料弹性卷材地板复合型产品，美观大方，色调温和，适合家庭客厅、住房大厅、宾馆大厅等铺设。复合型产品，使用年限一般在 25 ～ 30 年，如果保养得当，配备专职人员管理，可无限期使用。更换后产品可以回收，不浪费资源，此产品施工简便，成本低，最为经济。该产品分高中低三种，每平方米价格在 85 ～ 150 元之间，最低价格约 60 元 / 米。成品尺寸稳定，不缩不裂，降低噪声，足感舒适，还可以按用户的要求选购各种花色。

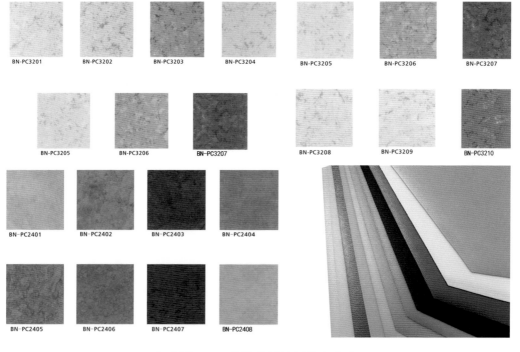

复合型 PVC 弹性卷材地板花色齐全

（2）PVC 塑胶弹性卷材地板。该地板是涂层有基材的，有两种，一是无纺布，二是玻纤的，也可加在 PVC 涂层中间，起到产品平整不收缩，尺寸稳定，纵横向强力均匀，不变形，防冷防热，有强弹性。一般以纯色为主，也可以印花纹和压制浮雕纹、水波纹、花纹油漆面等。铺设 PVC 塑胶弹性卷材地板，工序简便，用户可以自行施工，由一般销售商进行指导铺设即可。使用年限一般为 20～30 年，如果保养得当，使用限期会更长。该产品价格低，如用户自行铺设，成本在 65～150元/平方米左右，更换后的产品可以回收。PVC 塑胶弹性卷材地板，一般宽度在1.5～1.8m，厚度 3.0～4.5mm，也可以按用户需要制定尺寸，可加工厚度在 1mm和 6.5mm 之间。PVC 塑胶弹性卷材地板适用性较好，质量有低中高三种，可以按用户不同要求，定制不同价位的产品。

PVC 塑胶弹性卷材地板效果

第三节　厨房用弹性地板

1. 厨房用弹性地板的选择要素

厨房用地板的选择一定要防火、防滑、防水、抗油污等特性。与普通的地面材料相比，聚氯乙烯地板、橡胶地板在有水的情况下脚感更涩，更不容易滑到，且这两种地板的抗油污及防水性能极佳。国内生产的环保型阻燃橡胶地板及聚氯乙烯地板，具有优异的防火防滑等特性。

厨房用地板要防火、防滑、防水、抗油污

厨房用弹性地板的选择需重点考虑以下因素：

（1）表面处理。因厨房存在较多的油烟、做菜调料等污染源，故强烈建议选择表面经过 UV 处理的弹性地板，以获得更好的耐污性、耐刮擦和耐磨性能。

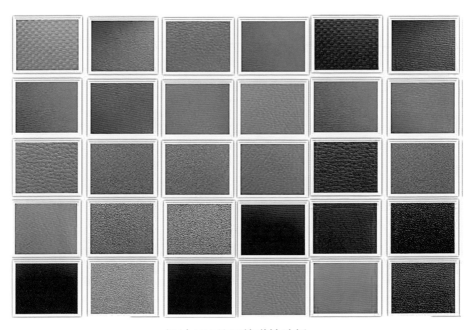

经过 UV 处理的弹性地板

（2）花形。根据住户自身喜好和装修风格进行选择即可。

（3）防潮性。因厨房存在较大的潮气，故最好选择的弹性地板具有一定的防潮性能。

弹性地板有一定防潮性能

（4）整体厚度。为获得更好的脚感，建议选择整体厚度在 2mm 以上的弹性地板。

（5）产品类别。国内生产的悬浮、圆角悬浮、普通乙烯基、锁扣、易贴、免胶、防潮吸声等类别的弹性地板都可满足厨房弹性地板的使用要求。

2.厨房弹性地板选用推荐

塑胶弹性卷材地板，又称高分子塑胶弹性地板卷材，材质是 PVC 涂层材料，有基材有玻纤层，基材使用针刺土工布，涂刮 PVC 糊状树脂，形成膜状，再经过生产线三道涂层形成防水层和表面层，表面还可压制防滑和一些花纹，各种浮雕和色彩，还可印制各种仿制花色品种，是又环保又防水又美观的复合新材料卷材地板，使用年限 20 年以上，在家庭使用时如注意保养，使用年限更长。价格和一般的弹性地板价格基本相同，主要注意的是必须要专业人员施工，铺设时地板卷材要上墙10～15cm，接头要焊缝才能起到防水效果。

塑胶弹性卷材地板施工

第四节　卫生间用弹性地板

1.卫生间用弹性地板的选择要素

卫生间用地板的首选是要具有防滑、防水等特性。人在卫生间不慎摔倒等事故时常发生，致使摔倒的主要原因大多都是由于地面太滑。传统的卫生间地面用材料是瓷砖，但是由于其表面光滑遇水更滑，导致滑到事故频频发生。然而聚氯乙烯和橡胶地板由于其优越的防滑性能，完全能满足卫生间地板所需的特性要求。国内生产的聚氯乙烯和橡胶卷材地板的幅宽完全可以满足保障性住房卫生间整块铺装的需求，无需接缝，因此防水性能极佳。

卫生间用地板要防滑、防水

卫生间用弹性地板的选择需重点考虑以下因素：

（1）表面防滑。因卫生间经常有水残留地面，因此，建议选择表面经过防滑处理的弹性地板，保证使用者的安全。

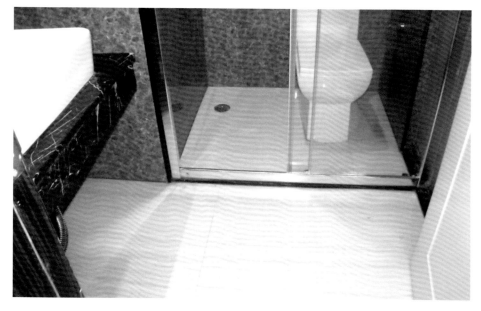

经过防滑处理的弹性地板

（2）花形。根据住户自身喜好和装修风格进行选择即可。

弹性地板有更丰富的装饰性

（3）防潮性。因卫生间地面有较多时间存在水流，最好选择具有一定的防潮和防漏功能的弹性地板。

（4）整体厚度。为获得更好的脚感，整体厚度在 1 ～ 2mm 之间即可。

（5）产品类别。国内生产的悬浮、圆角悬浮、普通乙烯基、锁扣、易贴、免胶、防潮吸声等类别的弹性地板都可满足卫生间弹性地板的使用要求。

2. 卫生间弹性地板选用推荐

卫生间用弹性地板和厨房用弹性地板基本相同，国内开发研制的弹性地板卷材有防水功能，符合保障性住房、廉租房理念，必须由专业人员进行施工。

因卫生间里面水残留和潮气都较大，而弹性地板虽较实木地板的防潮、防水性更佳，但也是很难做到完全防潮防水，故原则上不建议住户卫生间选用弹性地板装修，建议住户把瓷砖等完全防水的铺地材料作为卫生间地面装修的首选。如住户想获得更好的脚感和防滑性能等方面考虑选用弹性地板，则建议住户选择防潮性能更优的产品，国内生产的防潮吸声弹性地板，可部分解决潮气和水残留的问题。同时，在选用弹性地板作为卫生间铺地材料的时候，其潮湿状态下的防滑性能是住户选择弹性地板的关键指标。国内生产的悬浮系列、锁扣系列、易贴系列、免胶系列都不建议作为卫生间的铺地材料使用，而普通乙烯基、防潮吸声的弹性地板可作为卫生间铺地材料使用。

铺装弹性地板的卫生间装修效果

第五节　地暖管配套用弹性地板

1.地暖管配套用弹性地板的选择要素

地暖管配套使用的弹性地板，由于受其使用环境的温度影响，因此需要具有一定的耐热性。而亚麻地板、软木地板及聚氯乙烯地板等弹性地板的耐热性不如橡胶地板优异，因此，适宜选用橡胶材质的弹性地板。

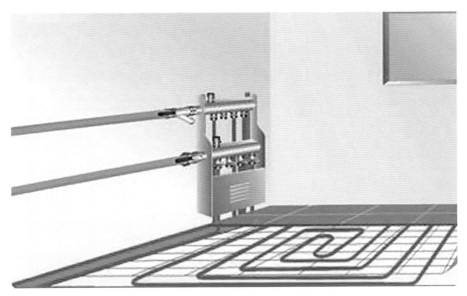

地暖管配套用弹性地板施工图

地暖用弹性地板选用需考虑一下因素选择：

（1）弹性地板的温度稳定性。即弹性地板在受热后，不会产生变形和明显的尺寸变化。目前国内生产的系列弹性地板都属于高尺寸稳定性弹性地板，可很好地满足地暖的配套使用要求。

弹性地板在一定温度下要有稳定性

（2）传热和保温性能好。弹性地板的热传导系数和保温性能是地暖配套的关键指标，目前，因弹性地板所使用材料和工艺都比较相近，所以产品在这方面性能相差不是太大，用户可放心选择。

（3）甲醛含量，因地暖加热后，加速了甲醛的释放，这对用户的健康有直接的损害，所以，甲醛含量是用户选择弹性地板的重要指标。

甲醛含量是选择弹性地板的重要指标

（4）弹性地板产品类别的选择，则不建议选择目前国内公装市场主流的打胶铺设的卷材和块状弹性地板。因该类地板都存在更换地板时不易清理的缺点，如果用户使用几年后发现有某处破坏需更换或者想整体更换，则打胶铺设的弹性地板清理时费时费力，同时还容易破坏地暖设备。所以在地暖适用性方面，可选择易更换且不会破坏地面的弹性地板类别产品，如悬浮系列产品、锁扣系列产品、易贴系列产品、免胶系列产品。

2. 地暖管配套用弹性地板选用推荐

国内企业为适合市场需要，最近几年研发了新款 PVC 复合卷材地板，应用在地暖管配套使用。该产品利用多层复合，经过高温塑化，使产品在高温下不变形、不压缩、不起裂，表面不变色，阻燃效果好，经过加温后无味无毒。该产品称为多层复合卷材地板，地暖专用弹性卷材地板，表面可印制各种花色，价格 85 ~ 150 元 / 平方米，和一般弹性卷材地板基本相同。产品已应用在住房、地暖地板、地暖块毯等。

新款 PVC 复合卷材地板

第四章 保障性住房弹性地板应用案例精选

1. 住宅家居

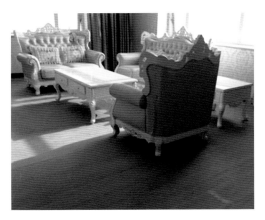

2. 商务办公

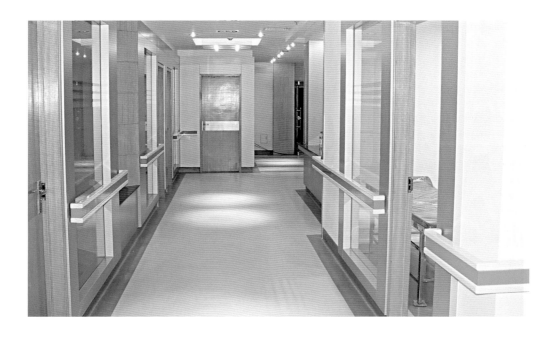

3. 教育教学

4. 经营商区

5. 医疗卫生

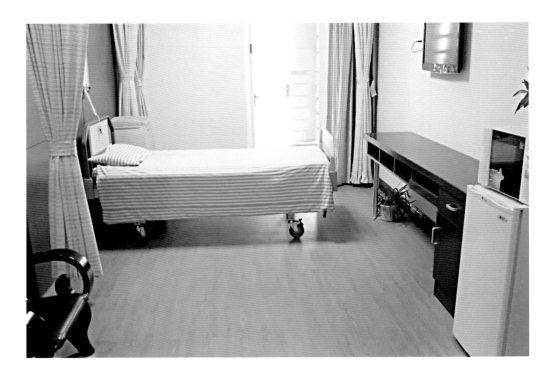

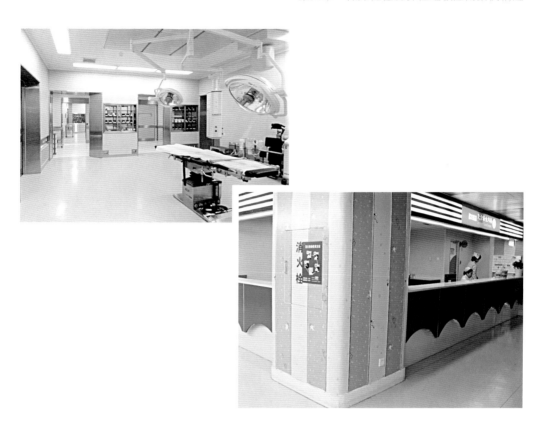

6. 公共场馆